了不起的中国
大国重器

鹿 临 / 主编

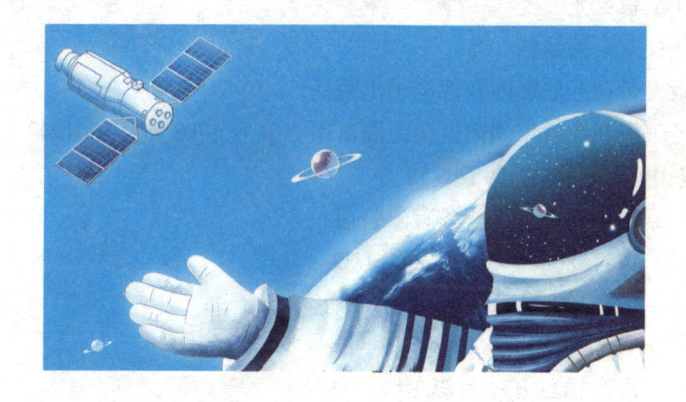

三辰影库音像电子出版社
北京

图书在版编目（CIP）数据

了不起的中国．大国重器 / 鹿临主编． -- 北京：三辰影库音像电子出版社，2023.1（2024.1 重印）
ISBN 978-7-83000-569-6

Ⅰ．①了… Ⅱ．①鹿… Ⅲ．①科技成果－中国－青少年读物 Ⅳ．①N12-49

中国版本图书馆 CIP 数据核字(2022)第 161754 号

了不起的中国．大国重器

著　　者：	梁　艳
责任编辑：	龙　美
责任校对：	韩丽红
出版发行：	三辰影库音像电子出版社
社址邮编：	北京市朝阳区金海商富中心 B 座 1708 室，100124
联系电话：	（010）59624758
印　　刷：	天津泰宇印务有限公司
开　　本：	880mm×1230mm　1/32
字　　数：	192 千字
印　　张：	10
版　　次：	2023 年 1 月第 1 版
印　　次：	2024 年 1 月第 2 次印刷
定　　价：	68.00 元（全 4 册）
书　　号：	ISBN 978-7-83000-569-6

版权所有 侵权必究

前言

我们的中国,是一个有着五千年灿烂文明的古国,有着深厚的历史文化底蕴。在人类漫长的发展进程中,我们的祖先创造了光辉灿烂的物质文明和精神文明,推动了人类社会的发展,影响了世界文明的前进。

我们的中国是一个了不起的国家,举世闻名的"四大发明",名扬海外的丝绸和瓷器,人造卫星升空,"两弹"试爆成功,三峡大坝投入使用,南水北调、西气东输开启,国产航母下海,国产大飞机首飞,复兴号列车飞速疾驰等接踵而来的突破创新,让人刮目相看的卓越成就,充分说明了中国综合国力的增强,充分显示了中国的崛起和复兴,让我们感受到了"中国力量",体会到了真正的"了不起"。

今天的中国正在奋发图强、自主创新、飞速发展,在众多领域不断突破,缔造出一个又一个"中国奇迹"。为了让广大少年朋友了解和感受到更多的"中国力量",

我们精心编撰了这本《了不起的中国》，详细介绍了我们的祖国取得的举世瞩目的成就，这里不仅能看到"北斗"导航系统、中国"天眼"等大国重器，5G技术、"墨子号"量子科学实验卫星等强国科技，还能看到港珠澳大桥、高速铁路工程、南极科考项目等超级工程，以及丝绸之路、农耕文化、传统文学等辉煌文明。通过阅读本书，你将感受到今日中国飞速发展带来的震撼，尊崇先辈们不畏艰险、埋头苦干、开拓进取的美好情操。

少年强则国强！希望本书不仅能拓展青少年的知识面，还能让他们看到中国发展的崭新面貌和后续力量，激发他们强烈的爱国热情和自强不息的精神，为努力实现中国梦而努力！

目录

"北斗"卫星导航系统

导航系统中的重要角色——人造卫星 ………… 2

世界一流的"北斗"卫星导航系统 ……………… 2

北斗系统的稳健发展历程 ………………………… 4

北斗系统的四大建设原则 ………………………… 4

北斗系统的科学构建 ……………………………… 5

中国超级计算机

超强大的计算机 …………………………………… 8

迅速发展的中国超级计算机 ……………………… 9

中国超级计算机发展历程 ………………………… 10

中国超级计算机主要的研发机构 ………………… 11

神舟系列飞船

科学严谨的神舟系列飞船 ………………………… 14

宏伟的载人航天工程发展战略 …………………… 14

了不起的中国

摆渡于天河的真正"神舟" …………… 16
精准智能的返回技术 …………………… 17

中国"天宫"空间站

云端之上的太空实验室 ………………… 20
具有中国鲜明特色的"天宫" …………… 21
别出心裁的空间授课 …………………… 22
绿色节能的典范 ………………………… 23

长征系列运载火箭

庞大的长征系列家族 …………………… 26
长征系列运载火箭的发展历程 ………… 26
任重道远的长征火箭 …………………… 27

"嫦娥四号"月球探测器

伟大的探月工程 ………………………… 31
"嫦娥四号"月球探测器的构成 ………… 33
"嫦娥四号"的三大科学任务 …………… 34
"嫦娥四号"的伟大创新 ………………… 34

"祝融号"火星车

强大灵活的"祝融号"火星车 …………… 37

先进科学的载荷配置 …………………………… 38

优秀稳健的工作 ………………………………… 39

中国天眼

FAST 的"出生" ………………………………… 42

FAST 的独特造型 ……………………………… 42

FAST 的"赫赫战功" …………………………… 44

国产大型客机 C919

我国首款大飞机的出炉 ………………………… 47

C919 的制造原则 ………………………………… 47

先进科技的结晶 ………………………………… 48

C919 大飞机的设计特点 ………………………… 49

国产航空母舰——山东舰

威武庞大的山东舰 ……………………………… 52

山东舰巨大的工程系统 ………………………… 53

多部门协作的驾驶方式 ………………………… 53

山东舰强大的作战能力 ………………………… 53

舰艇上的七彩识别服 …………………………… 55

AG600 水陆两栖飞机

半船半飞机的独特造型 ………………………… 58

维护海洋权益的大国重器 ……………… 59
专业高效的救火机 ……………………… 59
独特强劲的驱动力 ……………………… 60

"蛟龙号"载人潜水器

刷新世界纪录的"中国深度" …………… 63
三大创新技术 …………………………… 64
多功能的深海作业 ……………………… 65
"蛟龙号"载人潜水器的操控系统 ……… 66

国产龙门吊

门框造型下的高效作业 ………………… 69
不同用途的龙门吊 ……………………… 70
龙门吊的细心"管家" …………………… 71
龙门吊三种不同的主梁结构 …………… 71
龙门吊的级别类型 ……………………… 72

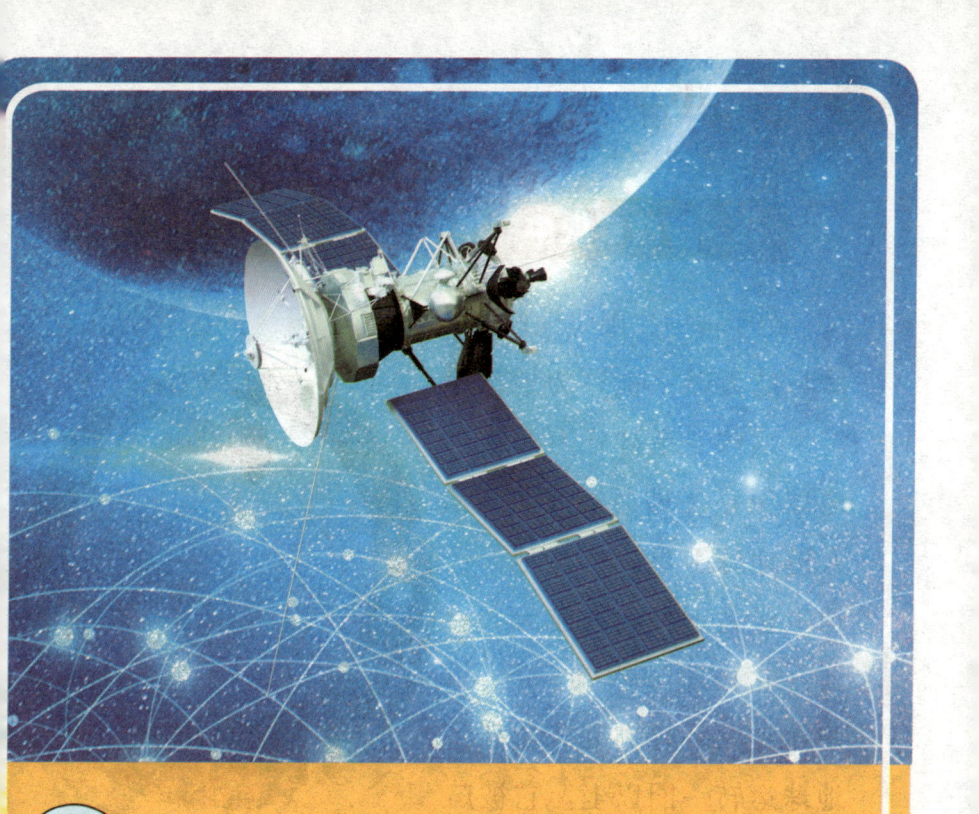

"北斗"卫星导航系统

在信息飞速发展的今天，导航系统就像我们出行时的指挥棒，实时精准地指引着我们的交通，帮助我们及时避开拥堵路段，快捷安全地抵达目的地。我国的"北斗"卫星导航系统，已经被广泛应用于国家建设、百姓生活的诸多方面，为社会经济发展提供了重要的时空信息保障。它是我国贡献给世界人民的全球公共服务产品。

导航系统中的重要角色——人造卫星

在宇宙中，围绕地球旋转的天体与航天器，被称为地球卫星。地球卫星被分为天然地球卫星（即月亮）和人造地球卫星。人造地球卫星是一种无人航天器。它按照天体力学的规律，在空间轨道上绕着地球运转一圈以上。它被广泛应用于科研、导航、探深、通信等领域。

世界一流的"北斗"卫星导航系统

"北斗"卫星导航系统，简称北斗系统。它是我国着眼于国家安全和经济社会发展需求，自主建设运行的全球卫星导航系统。它为全球用户提供了高精度随时定位、导航、授时服务，是我国重要的时空基础设施。

2020年7月31日，北斗三号全球卫星导航系统建成暨开通仪式，在首都北京举行，宣告了北斗三号全球卫星

导航系统正式开通。随着北斗系统的不断完善，它被广泛地应用于交通运输、通信授时、海洋渔业、气象预报、水文监测、电力调度、救灾减灾、公共安全、测绘地质等领域，逐步渗透至我们的社会生产和生活的方方面面。

北斗系统是全球性的公共资源，我国始终坚持着"中国的北斗、世界的北斗、一流的北斗"的发展理念，促进全球卫星导航事业蓬勃发展，服务于"一带一路"的建设发展，积极推动北斗系统的国际合作。它为全世界的经济、社会发展进步注入了新的活力，做出了巨大的贡献，为造福人类贡献出了中国智慧和力量。

北斗系统的稳健发展历程

20世纪后期，我国开始探索适合我国国情的卫星导航系统的发展道路，在不断科研与实践的过程中，逐步形成了伟大且稳健的三步走发展战略：

2000年年底，建成北斗一号系统，向中国国内提供服务。

2012年年底，建成北斗二号系统，向亚太地区提供服务。

2020年，建成北斗三号系统，向全球提供服务。

北斗系统的四大建设原则

我国一直坚持着"自主、开放、兼容、渐进"的北斗系统建设原则。

1.自主。我国一直以自主研发为原则，来推动北斗系统的发展和运行。如今，我国已具备了向全世界用户独立提供卫星导航服务的能力与实力。

2.开放。我国花费巨资建设的北斗系统免费且公开提供卫星导航服务。这鼓励了世界各国开展全方位、多层次、高水准的国际合作与交流。

3.兼容。我国提倡与其他国家的卫星导航系统开展兼

容合作，大力促进了国际合作交流，为全球用户提供了更好的服务。

4.渐进。我国北斗系统的建成，是分步推进建设的。这持续提升了我国北斗系统服务的性能，不断推动了卫星导航产业全面协调可持续发展。

北斗系统的科学构建

我国的北斗系统由空间段、地面段、用户段三部分科学构建而成。

1.空间段。北斗系统的空间段，由中圆地球轨道卫星、若干的地球静止轨道卫星、倾斜地球同步轨道卫星等组成。

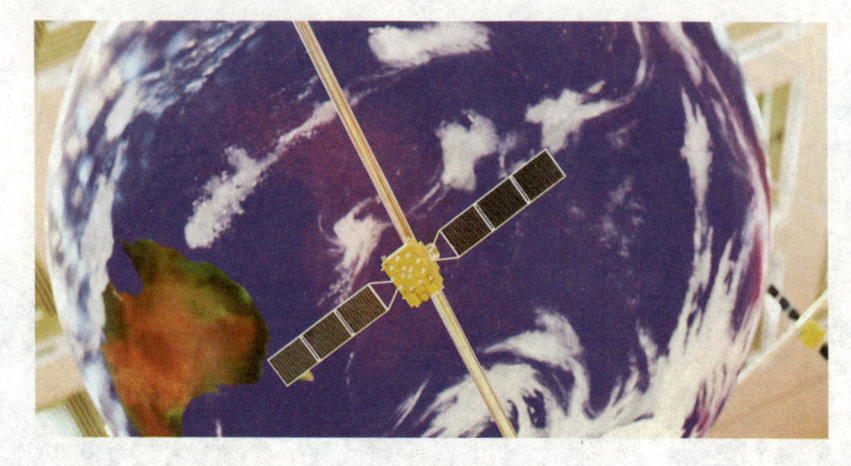

2.地面段。北斗系统的地面段,包括了主控站、监测站、注入站等若干地面站,以及星间链路运行管理设施。

3.用户段。北斗系统用户段,指北斗兼容其他卫星导航系统的芯片、天线、模块等基础产品,以及终端产品、应用系统与服务等。

北斗系统有哪些特点?

我国的北斗系统沿着中国特色的发展道路,丰富了世界卫星导航事业的发展模式。它具有三大特点:北斗系统创新性地融合了导航与通信功能;北斗系统提供了多个频点的导航信号,这样大幅提高了服务的精度;北斗系统的空间段采取的是三种不同轨道卫星组成的混合星座,这样可以多角度进行覆盖,抗遮挡的能力增强。

中国超级计算机

超级计算机，是计算机里的"王者"，是计算机里的"超级大脑"。它的基本部件与普通个人计算机的一样，但它可以处理个人计算机无法处理的大规模数据。中国是世界上第一个以发展中国家身份自主研发、制造超级计算机的国家。目前，我国在世界超级计算机榜单排名中有着明显的数量优势。

超强大的计算机

超级计算机，又被称为巨型机，是指能够对个人计算机无法处理的大量资料进行高速运算的电脑。它在密集计算、海量数据处理等领域，发挥着举足轻重的作用。超级计算机，是在国家安全、经济、社会可持续发展等方面具有不可替代作用的计算工具，它体现了一个国家的综合科学研究的实力。

◎ 超级计算机的硬件

超级计算机的硬件组成与个人计算机的组成基本相同，主要由运算器、控制器、存储器、输入设备、输出设备组成，但超级计算机的数据分析处理能力、超大的存储容量、巨大的能耗，都是个人计算机望尘莫及的。

◎ 超级计算机的软件

现在的超级计算机多数都使用了Linux操作系统，大多数超级计算机的系统是基于Linux并根据所需功能来量身定制的。

迅速发展的中国超级计算机

中国超级计算机，是中国技术不断自主创新的领域，汇聚着众多高尖人才。中国超级计算机的健康发展，提升了我国科研水平，增强了我国企业的核心竞争力，推动了我国的经济建设，还解决了我国在建设可持续发展社会、应对资源短缺、推进城市化等过程中所出现的新问题、新挑战。目前，我国新一代智能超级计算机成为计算机产业国际竞争的标杆，它是实现科技创新的大国重器。

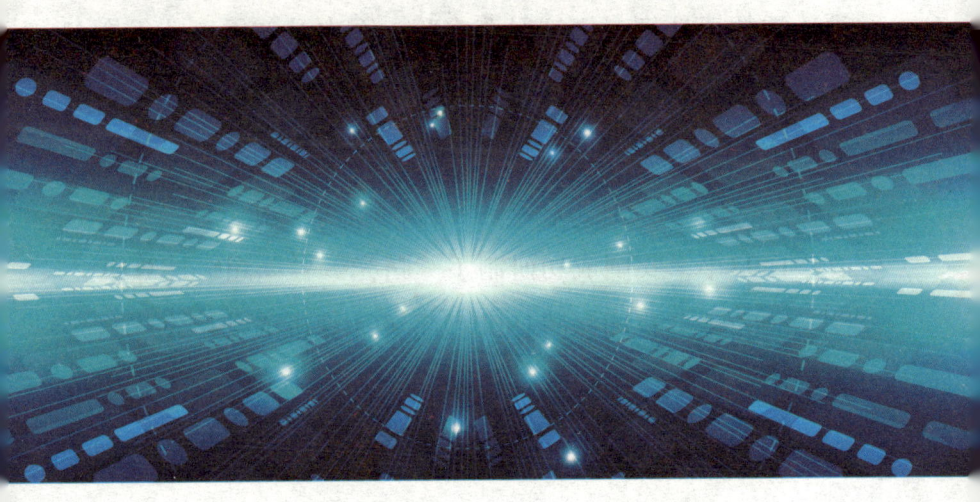

中国超级计算机，与国外同类产品相比具有两个主要特点：一是存储数据的容量超级大；二是处理数据的速度超级快。因此，它可以进行气候预测、天体模拟、基因分析等各种难以实现的科学实验。比如，我国研发的超级计算机"天河二号"，可以模拟宇宙大爆炸1600万年后、约137亿年的宇宙演化过程。假设人类每秒能进行一次运算，那么，"天河二号"运算一个小时的计算量就相当于13亿人用计算器运算了约一千年的计算量。

中国超级计算机发展历程

1958年8月，中国第一台数字电子计算机——103型机诞生了。20世纪70年代以后，随着经济的快速发展，中国对超级计算机的需求与日俱增。在中长期的天气预报、三维地震数据处理、模拟风洞实验、军事及航天事业等众多方面，都对科研计算的能力提出了新的挑战。

1983年12月，我国自主研发了"银河一号"超级计算机。

1993年，我国成功研制了"曙光一号"超级计算机。

2002年，我国深腾1800型超级计算机成功研发。这是我国第一台万亿次级计算机。

2009年，我国成功研制了千兆次超级计算机——"天

河一号"，它的综合技术水平位居2010年全球排行榜首列，具有高性能、高能效、高安全、易使用的特点。

2010年，我国的"天河一号A"问世，让我国第一次拥有了当时全球最快的超级计算机。

2013年，我国的"天河二号"再次位居2014年全球排行榜第一，成了世界超算史上第一台连续6度夺冠的超级计算机。

2016年，我国研发的"神威·太湖之光"运算能力远超"天河二号"，计算速度在当时位列世界第一。

中国超级计算机主要的研发机构

为了不断升级造福社会的国之重器，我国一直大力发展超级计算机的研发事业，我国超级计算机的主要研发机

构有国防科技大学计算机研究所、中科院计算技术研究所（曙光信息产业股份有限公司）、国家并行计算机工程技术中心、联想集团、浪潮集团等。

为何说中国超级计算机朝着"绿色"方向发展？

近年来，世界超级计算机的发展趋势转向绿色节能。中国超级计算机的进步是世界人民有目共睹的。两台由曙光信息产业股份有限公司开发的超级计算机进入了按能效排名的"绿色超算500强"的前10名。2015年至2016年，中国超级计算机就曾3次进入"绿色超算"的10强。中国新一代E级超级计算机在规模、成本、能耗等方面，都朝着绿色节能的方向稳健地发展着。

神舟系列飞船

神舟系列飞船，是中国人实现飞天梦想的神器。迄今为止，世界上真正能实现独立将人类送入太空的国家只有3个。可以说，载人航天是当今世界技术最复杂、难度最大的航天工程，它被视为国力竞争中最具代表性的战略性工程之一。神舟系列飞船，将我国航天员送入太空，这不仅是我国强大国力的体现，也极大地提升了我国人民的自豪感和民族自信。

科学严谨的神舟系列飞船

神舟系列飞船，有着鲜明的中国特色，它是我国自行研制、具有完全自主知识产权、用于天地间往返运输人员和物资的载人航天器，其技术达到或者优于国际第三代载人飞船技术，可以一船多用，既可留轨观测，又可作为交会对接飞行器。

我国的神舟系列飞船在酒泉卫星发射中心的发射基地由长征二号F火箭发射升空，回返地点在内蒙古自治区中部的乌兰察布市四子王旗航天着陆场和东风着陆场。

神舟系列飞船采用的是三舱一段的结构，由轨道舱、返回舱、推进舱、附加段组成，由13个分系统组成。轨道舱是航天员生活与工作的地方；返回舱是飞船的指挥控制中心，航天员上天和返回地面都会停留在这里；推进舱是动力舱，为飞船的飞行提供能源与动力；附加段也被称为过渡段，用于与其他飞船或空间站交会对接。

宏伟的载人航天工程发展战略

1992年，我国政府决定实施载人航天工程，并且确定了我国载人航天"三步走"的宏伟发展战略：

第一步，发射无人和载人飞船，初步建成配套的实验性载人飞船工程，开展相关的空间应用实验。神舟一号至神舟六号飞船顺利完成了第一步战略的任务。

第二步，突破航天员出舱活动技术、空间飞行器交会对接技术，发射空间实验室，解决有一定规模的、短期需要有人照料的空间应用问题。神舟七号至神舟十一号的飞行任务，以及它们与天宫一号、天宫二号的交会对接任务，加上我国首个实验性空间实验室的建成，标志着第二步战略任务的完成。

第三步，建造太空空间站，解决有较大规模的、长期需要人力去照料的空间应用问题。2022年6月5日，神舟十四号载人飞船发射取得圆满成功。目前，我国载人航天工程已经全面迈入空间站时代。

摆渡于天河的真正"神舟"

神舟一号至神舟四号飞船不载人的飞行试验，全面考核了我国运载火箭的性能与可靠性、飞船的安全和可靠性、地面测试发控系统的适应性以及其他各大系统的可靠性。1999年11月20日，神舟一号飞船于酒泉卫星发射中心成功发射，标志着中国航天事业迈出了重要的一步，对突破载人航天技术具有重要意义，是中国航天史上的里程碑。

2003年10月15日，神舟五号将航天员杨利伟成功送入太空。神舟五号和神舟六号载人飞行任务，表明我国已经突破和掌握了载人于天地往返的技术，使我国成为第三个具有独立开展载人航天活动能力的国家。

现在，我国的神舟飞船能够飞得更高，可以在太空停

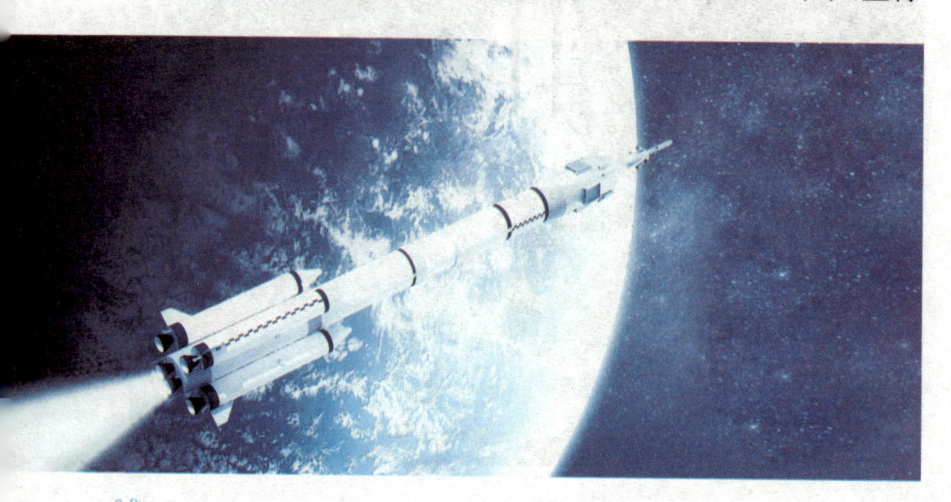

留更久的时间，这为航天员完成各项科学实验任务，提供了更多的时间和空间。至今，我国先后成功发射了神舟一号至神舟十四号的飞行任务，实现了从无人到有人、从单人到多人、航天员出舱行走、空间交会对接等目标。

精准智能的返回技术

载人飞船返回技术，是建设空间站的关键技术，关乎航天员的生命安全，是飞行任务成败的关键。我国载人

了不起的中国

飞船一直采用国际领先的返回技术，精准度非常高。神舟一号至神舟十一号的返程，采用的是标准弹道自适应制导方法，这被称为第一代返回技术。神舟十二号以后，我国采用了自适应预测制导方法，这是精度更高、更为智能的第二代返回技术。神舟十三号在使用第二代返回技术时，还首次采用了快速返回地球的模式，将飞行任务进行合理剪裁、调整，把原本需要绕飞地球的11圈次压缩为5个圈次。

为何说神舟系列飞船是天地间运输的优良工具？

　　我国的神舟系列飞船起点高，智能化程度也较高。它的起飞质量和座舱最大直径远大于美国"水星"号和苏联"东方"号。与其他国家的同类飞船相比，它具有更强大的功能，有了更大的进步。它采用了升力式返回再入技术，大大提高了飞船返回着陆点的准确度和舒适度，大幅减轻航天员返回地面时承受的痛苦。

中国"天宫"空间站

在那遥远神秘的云端之上，据传有一座雄壮宏伟的天宫，它是我们中华民族神话传说中不可或缺的文化元素。中国有着几千年的"问天"之梦。在我国科技不断快速发展的今天，我国航天工作者通过自力更生、自主创新，真正在那遥远的云端之上，稳步进行着我国的"太空之家"——"天宫"空间站的建造任务。这是中国为人类探索宇宙奥秘做出的巨大贡献。

云端之上的太空实验室

中国"天宫"空间站,是一个由多个模块组成、在天际轨道上组装的空间实验平台,是规模较大、长期有人参与的国家级太空实验室。空间站可以支持航天员长期在天际轨道中生活和工作。目前,我国已实施了空间站天和核心舱,天舟二、三、四号货运飞船,问天实验舱等多次飞行任务,均取得圆满成功,为空间站的建造打下了坚实的基础。

空间站的基本结构包括天和核心舱、问天实验舱、梦天实验舱,每个舱段的规模为20吨级。空间站的整体设计寿命为10年,可以进行较大规模的空间应用。空间站

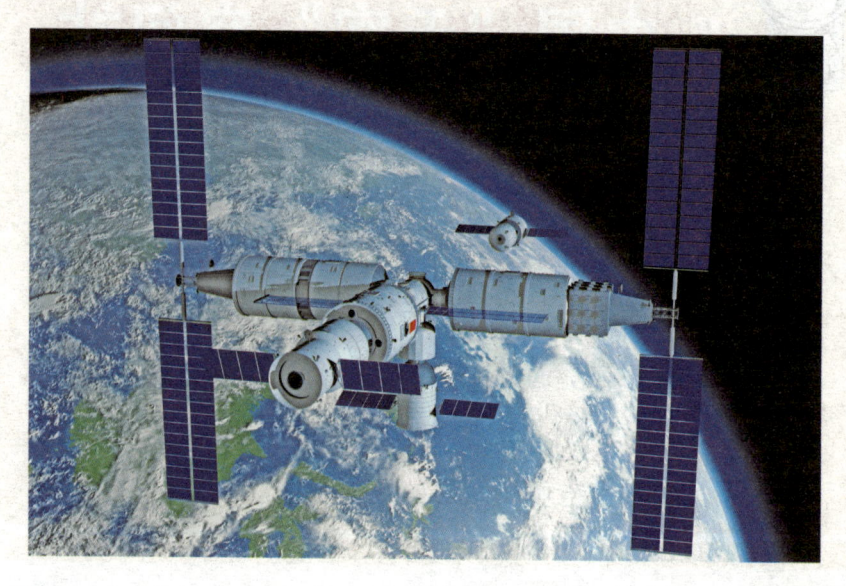

在天际轨道运行期间，由神舟载人飞船提供航天员运输，由天舟货运飞船提供补给资源支持。各个飞行器都是独立的，同时也可以与核心舱组合成多种形态的空间组合体，在核心舱统一调度下协同工作，完成空间站的各项任务。

具有中国鲜明特色的"天宫"

在"天宫"空间站上，显现出来的中国载人航天工程标识既结合了航天的特色，又蕴含了中国文化的元素。"天宫"空间站的标识呈天空的蓝色，既拥有着空间站的基本形态，又呈现出我国传统书法的"中"字样式，"中"字一竖的尾部，好似腾空启航的火箭，将"天宫"送入太空。整个标识类似"天宫"空间站的基本形态，整

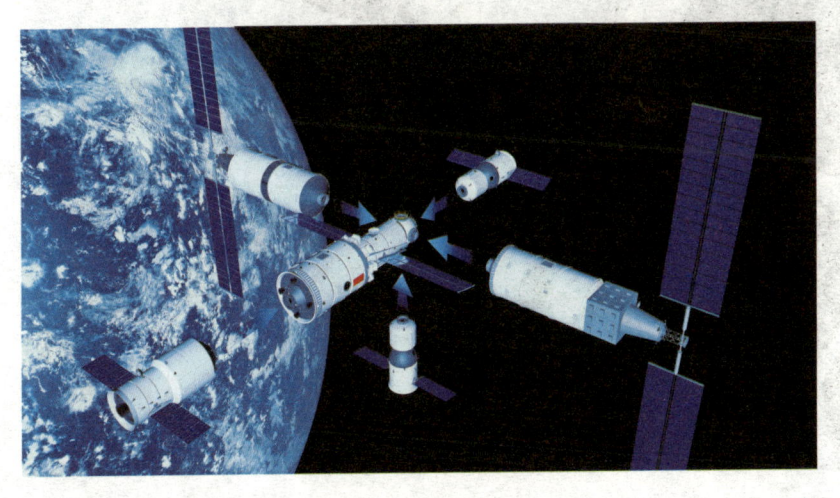

体结构优美,寓意深刻。

空间站整个系统的名称都透露出浓厚的中国文化气息,儒雅且有内涵。载人空间站被称为"天宫",代号"TG";核心舱被命名为"天和",代号"TH";实验舱Ⅰ被命名为"问天",代号"WT";实验舱Ⅱ被命名为"梦天",代号"MT";货运飞船被命名为"天舟",代号"TZ"。

别出心裁的空间授课

为了让前沿科技在教育中能被更直观、更有效地学习,中国首个太空科普教育品牌"天宫课堂"在中国空间站里首次面向全球进行直播。这扩大了中国空间站的综合

效益，让空间站这一个国家级的太空实验室成了全球重要的太空科普教育基地。空间站蕴含着得天独厚的丰富教育资源，在激发社会大众对航天事业的热爱、弘扬科学精神上具有特殊的优势。

"天宫课堂"的任课老师，是空间站里的优秀航天员。他们结合载人飞行任务，系列化地推出"天宫课堂"讲座。"天宫课堂"以青少年为主要的授课对象，采取天地协同、互动的方式，开展课堂讲座活动。

绿色节能的典范

为了让中国空间站的事业可持续发展，我国采用先进的能源技术、再生技术、控制技术等，将空间站打造成了绿色节能的典范，进一步提升了空间站姿态的稳定度和微重力水平。"天宫"空间站高度利用太阳能发电，进一步提高了太阳能电池的发电效率，延长了太阳能电池的使用寿命，提高了电池的安全性能。此外，"天宫"空间

站还提高了空间站里物资的循环利用率,尽量减少地面补给的需求,实现了资源再利用。航天员们会用废水、尿液等制造出有用的氧气,对人体的一些废弃物进行无害化处理。

"天宫"空间站的空间科学研究有何价值?

"天宫"空间站是开展大规模空间科学实验及应用的太空实验基地。在空间站里,航天员可以利用太空环境进行许多科研活动,涉及物理、化学、生物、医疗等诸多领域。例如,在空间生物学研究应用方面,可以培育出优良先进的物种、研发出生物药品、探索人类疾病的机理等。

长征系列运载火箭

运载火箭，是目前人类为了克服地球引力、顺利进入太空而使用的唯一运输工具。人们利用运载火箭将卫星等航天器送入太空，可以说，运载火箭是人类进入太空的必备工具。长征系列运载火箭，是我国自行研制的高能航天运载工具，它能安全、快速、经济、环保、可靠地将我国航天器送入太空，推进了我国太空探索技术的发展。

庞大的长征系列家族

我国的长征系列运载火箭的研制，起步于20世纪60年代。1970年4月24日，我国"东方红一号"卫星首次搭乘"长征一号"运载火箭顺利进入太空。这为我国长征系列运载火箭的发展拉开了序幕。

目前，我国长征系列运载火箭共8个系列，包括退役、现役共20多种型号。长征系列运载火箭既可以进行货运，也可以载人；兼有液体推进剂和固体推进剂、常温推进剂和低温推进剂；可一箭单星发射，也可一箭多星发射，发射成功率达到世界先进水平。

长征系列运载火箭的发展历程

我国长征系列运载火箭的发展一共经历了5个阶段。

第一阶段：基于战略导弹技术起步的火箭，主要有长征一号、长征二号。

第二阶段：按照运载火箭技术自身发展规律研制而成的火箭，如长征四号系列。

第三阶段：为了满足商业发射服务而研制的火箭，如长征二号E。

第四阶段：为了载人航天需要而研制的火箭，如长征二号F。

第五阶段：为了适应环保、快速反应需求研制的火箭，如长征五号系列。

任重道远的长征火箭

长征系列运载火箭，具备发射高、中、低不同地球轨道类型卫星及载人飞船的能力，并且具备无人深空探测的能力。低地球轨道（LEO）运载能力可以达到25吨；地球同步转移轨道（GTO）运载能力达到14吨；太阳同步轨道（SSO）运载能力达到15吨。

◎ **长征二号F：我国航天运送的大功臣**

长征二号F运载火箭，是在长征二号E运载火箭基础上按照发射载人飞船的要求，以提高安全性、可靠性为目标研制的火箭。这款火箭全长58.34米，起飞重量为493吨，一、二级直径为3.35米，可以捆绑4个直径为2.25米的助推器，整流罩直径为3.8米，近地轨道运载能力为8.8吨。它是我国唯一一种载人运载火箭，具备发射天宫实验室、发射载人飞船两种状态。我国神舟系列飞船都是由这款运载火箭送入太空的。2022年6月5日，搭载神舟十四号载人飞船的长征二号F遥十四运载火箭在酒泉卫星发射中心成功发射。

◎ 长征七号：我国新型环保火箭

长征七号运载火箭，是我国新型无毒、低污染的中型运载火箭。它采用了捆绑4枚助推器的两级构型，全长53.075米，起飞重量为597吨，使用的是液氧煤油发动机，近地轨道的运载能力不低于14吨。它承担着空间站工程期间的货运飞船发射任务。

◎ 长征五号B：我国运载火箭中的"大力士"

长征五号B运载火箭，是我国目前近地轨道运载能力最大的火箭，它主要承担着我国空间站核心舱、实验舱等舱段的发射任务。它全长53.7米，起飞质量为837.5吨，近地轨道的运载能力大于22吨，是我国目前近地轨道运载能力最大的运载火箭。

长征系列火箭的主要任务分工是怎样的？

长征系列运载火箭，肩负着我国重要的航天运载输送任务，大致分为：

中国载人航天工程：长征二号F、长征五号B、长征七号；

中国探月工程：长征三号甲、长征三号乙、长征三号丙、长征五号；

北斗卫星导航系统：长征三号甲、长征三号乙、长征三号丙。

"嫦娥四号"月球探测器

"嫦娥奔月"是中国古代神话传说中的经典故事。我国以"嫦娥"命名的月球探测器是我国探月工程里的一位"大功臣"。在人类历史上，"嫦娥四号"首次实现了航天器在月球背面软着陆及巡视勘察，也是首次实现了地球与月球背面的测控通信。在高远寒冷的月球背面，留下了中国探月的第一行足迹。

伟大的探月工程

中国的太空探测，首先是从月球探测开始的。月球是离地球最近的一个天体，它蕴藏着丰富的资源，有着特殊的自然环境。随着我国经济和科技的不断发展，从2004年起，我国便开始实施月球探测工程。我国探月工程采用了绕月探测、落月探测、月球采样返回探测的方式，即"绕、落、回"三步走的发展战略。每一步的实施都是对前一步的深化、为下一步夯实了基础，它们之间有着明显的递进关系。

一期"绕"：中国探月工程一期任务是实现环绕月球探测。2007年10月24日，我国成功发射"嫦娥一号"卫

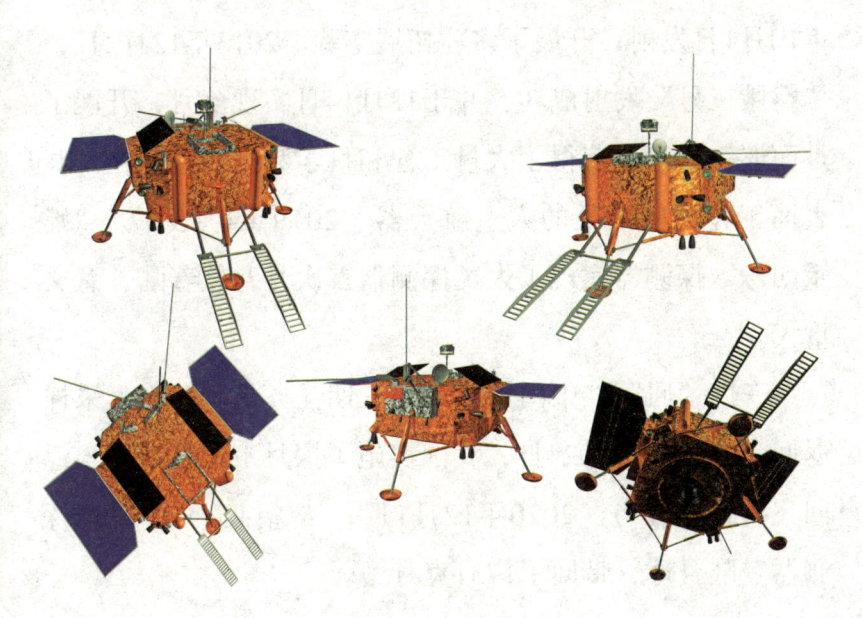

星，在月球轨道进行有效探测16个月。2009年3月，"嫦娥一号"成功受控撞月，实现了我国自主研制的卫星进入月球轨道，并且获得了全月图。

二期"落"：中国探月工程二期任务是实现月面软着陆和自动巡视勘察。作为先导星的"嫦娥二号"，于2010年10月1日发射，开展了多项拓展实验。2013年12月2日，"嫦娥三号"发射成功，并于12月14日实现落月，开展了月面巡视勘察，获得了大量工程和科学数据，它是在月球表面工作时间最长的人造航天器。2019年1月3日，"嫦娥四号"探测器实现了人类探测器首次月背软着陆，意义重大。

三期"回"：中国探月工程三期任务是实现无人采样返回。2014年10月24日，我国实施了探月工程三期再入返回飞行试验任务。2020年12月1日，"嫦娥五号"月球探测器登陆月球，带回了1731克月壤。

"嫦娥四号"月球探测器的构成

2018年12月8日,"嫦娥四号"月球探测器成功发射,于2018年12月12日完成近月制动,被月球捕获。2019年1月3日,它在月球背面的预选区顺利着陆,并在2019年1月11日"嫦娥四号"着陆器与巡视器(即"玉兔二号")完成了两器互拍的工作。

"嫦娥四号"月球探测器由中继星、着陆器、巡视器三部分组成。

中继星,被命名为"鹊桥",它负责月球背面的"嫦娥四号"着陆器、巡视器与地面站之间的中继通信。

着陆器,是探测器成功落于月球表面的关键所在。它的阶段任务包含发射段、地月转移段、环月段、动力下降

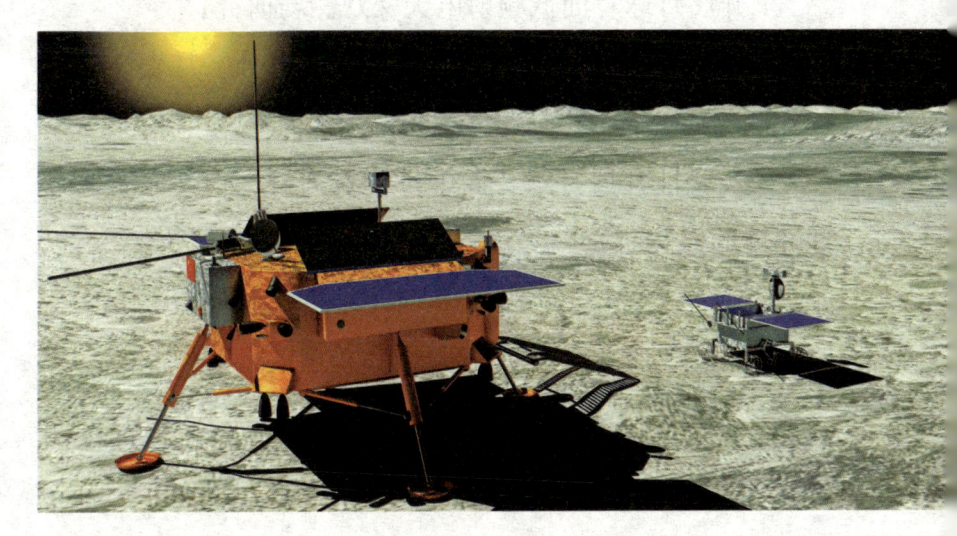

段、月面工作段这五个部分。在前三个阶段，测控通信系统通过直接对地链路完成测控任务；后两个阶段需要在月球背面执行，还需要中继卫星提供中继转发的服务。

巡视器，有个可爱的名字叫"玉兔二号"。它移动状态的构型是箱板式结构，并且有着移动、结构与机构、制导导航与控制、综合电子、电源、热控、测控数传、有效载荷这8个分系统。截至2022年1月6日，"玉兔二号"在月球的行驶里程已经突破了1000米。

"嫦娥四号"的三大科学任务

"嫦娥四号"月球探测器在月球上主要有三大科学任务：

1.开展月球背面低频射电天文观测与研究；

2.开展月球背面巡视区形貌、矿物组分、月表浅层结构探测与研究；

3.实验性开展月球背面中子辐射剂量、中性原子等月球环境的探测研究。

"嫦娥四号"的伟大创新

"嫦娥四号"是我国探月工程二期发射的月球探测器，它首次实现了在月球背面软着陆和巡视勘察，具有极其重大的意义。与此同时，它有多个项目实现了创新：

1.首次通过原位探测直接得到月球深部物质组成，揭示了月球背面，特别是南极艾特肯盆地，复杂的撞击历史；

2.首次实现月球背面与地球的中继测控通信；

3.首次进行超地月距离的激光测距技术实验；

4.首次在月面开展生物科普展示；

5.首次实现当时月球背面着陆器、月球轨道微卫星的甚低频科学探测，运载火箭多窗口、窄宽度发射，入轨精度等达到了国际先进水平；

6.首次开展国际合作载荷搭载和联合探测。

"嫦娥四号"探月工程有何重要意义？

"嫦娥四号"探月工程是备受世界瞩目的中国航天重大工程项目，是月球探测领域承上启下的标志性工程，它为国人乃至全人类第一次在月球背面那一片从未被人类看见的领域留下了第一行足迹，为整个世界揭开了古老月背的神秘面纱，开启了人类探索太空的新征程。

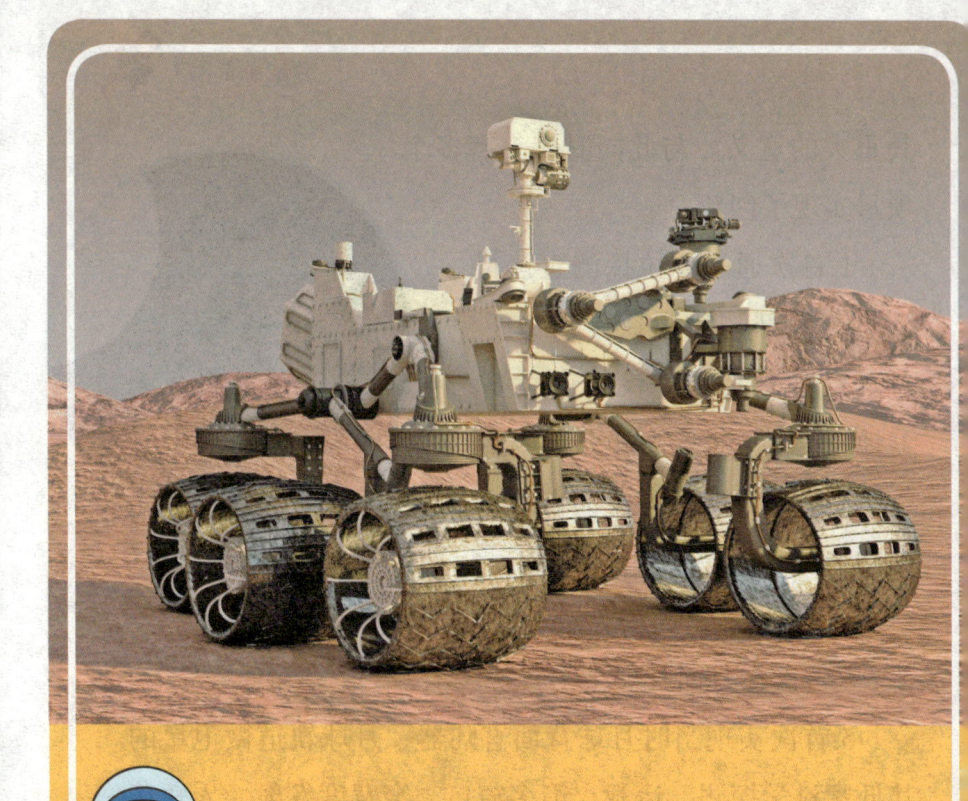

"祝融号"火星车

祝融是我国古代神话中的火神,是三皇五帝时掌火之官。《礼记》曰:"孟夏之月,其帝炎帝,其神祝融。"它是我们祖先用火照耀大地、带来光明的意蕴。"祝融号"是我国首辆火星车,是"天问一号"的任务火星车,寓意着火神祝融登陆火星,点燃了我国星际探测的火种,激励着我们对浩瀚太空不断探索与自我超越。

强大灵活的"祝融号"火星车

2020年7月23日,承担着我国首次火星探测任务的"天问一号"火星探测器成功发射,且正常入轨。2021年5月15日,"天问一号"火星探测器成功着陆于火星乌托邦平原南部的预选着陆区,这标志着我国首次着陆火星成功。

"天问一号"火星探测器由环绕器、着陆巡视器组成。着陆巡视器又包括了"祝融号"火星车和进入舱。"祝融号"火星车对着陆点全局成像、自检,之后驶离着陆平台,开展在火星上的巡视探测工作。2021年5月17日,"祝融号"火星车首次通过环绕器传回遥测数据。

"祝融号"火星车有1.85米的高度,重量达到了240千克。它的设计寿命为3个火星月,大约是92个地球日。与其他国的火星车相比,"祝融号"火星车的移动能力更为强大,设计更为先进复杂。它采用主动悬架,6个车轮都可以独立驱动、转向。除了正常的行驶功能外,它还具

了不起的中国

有蟹行运动的技能,用于大角度的爬行,或是灵活避开障碍物。此外,它能车体升降,摆脱沉陷,还有尺蠖运动、抬轮排故等本领。

先进科学的载荷配置

为了完成在火星上的探测任务,"祝融号"火星车上搭载了以下6台科学载荷装置:

1.火星表面成分探测仪。这种探测仪包括激光诱导击穿光谱仪(用于元素组成分析)、短波红外光谱显微成像仪(用于矿物和岩石的分析和识别)、微成像相机(可以捕获探测目标的高空间分辨率图像)。

2.多光谱相机。它可以对着陆点附近的地质背景等信息进行空间分析;可以获取岩石等物质的可见红外光谱数

据；也可以采集各种天空图像，用于特定气象及天文的研究。

3.导航地形相机。它可以拍摄广角图像，指引火星车的移动，从而自主寻求感兴趣的探测目标；可以结合环绕器上的高分辨率相机，将拍摄到的地面图像进行分析对比，从而校准火星表面的真实情况。

4.火星气象测量仪。它可以监测火星表面的温度、压力、风场等的变化；着陆前，还可以在环绕火星轨道上收集温度、声音等数据。

5.火星表面磁场探测仪。它可以监测火星表面的磁场、磁场指数、电离层中的电流；还可以随着火星车灵活移动。

6.火星车次表层探测雷达。它可以探测到火星土壤的地下分层、厚度。

优秀稳健的工作

截至2021年8月23日，"祝融号"火星车在火星上顺利度过了100天，行驶的里程已经突破了1000米。截至2022年5月5日，"天问一号"环绕器在轨运行651天；"祝融号"火星车在火星表面工作了347个火星日，累计行驶了1900多米；两器累计获取了约940GB的原始科学数据。

了不起的中国

"祝融号"火星车的运行状态良好，步履稳健，它收集的初步数据显示，乌托邦平原曾长期受到风的影响，甚至可能被水侵蚀过。"祝融号"是国际上首次运用巡视器上的短波红外光谱仪在火星原位探测到了含水的矿物的火星车。这一发现对人类了解火星的气候环境演化历史具有十分重要的意义。

为什么说"祝融号"火星车会"冬眠"？

2022年5月18日，"祝融号"火星车进入了休眠模式。由于这时的火星巡视区为冬季，白天最高气温都在零下20摄氏度以下，夜间最低气温更是降至零下100摄氏度。到7月中旬，火星巡视区的气温还会进一步下降。为了应对沙尘天气导致的太阳翼发电能力的降低，"祝融号"火星车就暂时进入"冬眠"状态，等到12月再恢复正常工作。

中国天眼

"一闪一闪亮晶晶,满天都是小星星。"为了能更好地观察这些"小星星",中国科研工作者们在贵州省大窝凼洼地上架起了一口巨型"大锅"。这口"大锅",口径500米,有30个足球场那么大,它就是世界天文工程明星——500米口径球面射电望远镜,也叫"中国天眼",英文简称为"FAST"。

FAST的"出生"

FAST的"出生"并非一帆风顺。早在1993年,中国天文学家南仁东先生就提出了在贵州喀斯特洼地中建造500米口径球面射电天文望远镜的建议和工程方案。为了能远离城市电磁波辐射的干扰,科学家们历经十几年的不断考察,最后将FAST的选址定在贵州省平塘县克度镇金科村大窝凼洼地上。FAST于2011年开始动工兴建,2016年完工,直到2020年才开放运行。有利的地形为FAST日后成为震惊世界的超级工程打下了坚实的基础。FAST是一个"大器晚成"的成功案例,是我们中国人的骄傲。

FAST的独特造型

FAST的整个构造与眼球类似,因此获得了"中国天眼"的美名。它的反射镜面,也就是天眼的"视网膜",是由4450块独立的反射面板单元构成的。每个面板又由100块直径约为1.1米的面板子单元拼接组成,每一块小面板都由结实的钢索牵引着,可以调整方向,让反射面不断变形。当追踪运动天体时,它可以形成抛物面,汇聚着天体所发射的电磁波。这类似于在大锅中又套着一口灵活移动的小锅,将遥远天体发射的无线电波都灵便地尽收于锅底。如此巨大的锅，遇上多雨的季节时，也不会变成汤锅。这样的结构不仅减轻了重量，还可以使雨水顺利地渗漏下去，让阳光轻松地渗透进去，从而保证地面植被仍旧能正常生长。

　　FAST的"瞳孔"是采用全新"轻型索驱动控制系统"的馈源舱。该馈源舱可以自如地改变角度和位置，观测精度更高，而且体积轻巧，仅有30吨（美国天眼的馈源舱重约1000吨），可以有效减少对光路的遮挡，使得波速变得干净。FAST的钢架索网是目前世界上跨度最大、精确度最高的索网结构，同时是世界上第一个采用变位工作方式的索网体系，仿佛是人们为宇宙中的无线电波专门编

织的一个巨型地网。整个钢架索网还与机器人并联着,这样就可以实现接收机的高精度定位。

FAST的"赫赫战功"

与普通望远镜不同的是,FAST这只安在洼地上的巨大"眼睛"还有着"顺风耳"的本领,能夜以继日地捕捉来自遥远星尘最细微的声音,从而发现宇宙中各种神秘的天体。FAST能接收137亿光年以外的无线电波,它比人类20世纪十大工程之首的美国Arecibo300米望远镜的综合性能提高了10倍左右的水准。FAST能接收到的宇宙电波可能是几百亿光年外宇宙秘密的信使。至今,FAST在

宇宙的战场上已经捕捉到500颗脉冲星的信号，其中就有"红背蜘蛛"的毫秒脉冲双星、"黑寡妇"的新脉冲双星系统，可谓战功赫赫。FAST可以全天观测遥远的未知宇宙，成了人类真正意义上的"顺风耳"和"千里眼"。

为什么说FAST肩负探索宇宙的重任？

20世纪30年代以来，射电望远镜成为诺贝尔奖获得者的摇篮。2020年12月1日，美国天眼由于多年未修复升级，以坍塌告终，提前退役。同年，中国天眼通过了验收工作，以优异的成绩毕业，并正式开放运行。FAST是目前世界上最大口径的射电望远镜。作为一个多学科基础研究平台，FAST有能力将探测的广度一直延伸至宇宙的边缘。

国产大型客机C919

C919是我国首款具有国际水准、拥有完全自主知识产权的单通道大型干线客机。它让国人的"大飞机梦想"变成了现实,让大飞机这一国之重器顺利飞入蓝天,翱翔于天际,实现了我们几代人的凌云壮志。随着C919的一飞冲天,中国航空工业取得了重大的历史突破,中国航空装备的制造水平迈上了新台阶。

我国首款大飞机的出炉

C919大型客机,机身长约39米,共有全经济级、混合级、高密度级三种客舱布置构型,座级158～168座。

2017年5月5日,C919大飞机成功首飞。2022年5月14日,中国商用飞机有限责任公司即将交付首家用户的首架C919大飞机,首次试飞成功。

C919的制造原则

我国拥有C919完全自主的知识产权。在符合2020年国际环保要求的前提下,C919既确保了飞行的安全性,

又提高了乘机的舒适度；C919通过减阻、减重、减排，使直接使用的成本降低了10%，全面优于其他国家的竞争飞机。在C919的营销方面，我国采用了国际的标准，以国内销售为主，同时打入国际市场，即我国先立足于庞大的国内销售市场，在增强我国制造业信心的同时，还逐步打造C919在国际市场上的知名度，拓宽销售的渠道。

先进科技的结晶

C919大型干线客机拥有目前世界上多项前沿科学技术，作为C919立足于国际市场的重要技术支持，它们是：

1. 先进的发动机，使得C919降低油耗、减少排放。

2. 先进的气动力设计技术，使得C919远超于同类现役的飞机。

3.先进的结构设计技术及较大比例的先进环保材料的使用,使得C919达到了良好的"瘦身"效果。

4.先进的电传操纵、主动控制的技术,使得C919的综合性能大幅度提高。

5.先进的维修技术,大大降低了C919的维修成本。

C919大飞机的设计特点

C919大飞机是一款绿色排放、符合国际环保要求的先进飞机,它的碳排放量与其他同类飞机相比降低了50%。

C919大飞机还采用了四面式风挡。这是国际上先进的工艺技术,它的风挡面积扩大了,视野也随之开阔了。同时,它简化了飞机机身加工的工艺,减少了飞机机头的气动阻力。

C919大飞机使用了先进的材料，其中第三代铝锂合金材料、先进复合材料在C919机体结构用量分别达到8.8%和12%。这是我国首次在国产民机大规模应用先进材料。相较于目前飞机机舱内高达80分贝的噪音，C919大飞机机舱内的噪音不到60分贝。

C919大型干线客机有何经济价值？

2018年2月，C919的国内外用户有20多家，订单总数达到800多架。2022年5月10日，中国东航披露定增公告的数据显示，C919的单价为6亿多元人民币。中国商用飞机有限责任公司曾发布年报，预计到2039年C919和ARJ21机型市场的总规模可达4万亿元人民币。

国产航空母舰——山东舰

航空母舰，又称为航母，是以搭载飞机为主要战斗装备，并为飞机提供海上活动基地的大型水面战斗舰艇。山东舰则是我国第一艘完全自主设计、自主建造、自主配套的国产航空母舰。山东舰的全称为"中国人民解放军海军山东舰"，舷号为"17"。它的建成标志着我国海军正式迎来了国产航母的新时代，中国海军将会行驶在一条更为波澜壮阔的航路上。

威武庞大的山东舰

2019年12月17日，我国首艘国产航空母舰——山东舰，在海南省的三亚军港正式交付海军。从2013年开工建造，到2019年交付海军，经历了6年的时间，它的问世是中国海军发展史上的一座里程碑，标志着我国海军正式迎来了航母的新时代。

山东舰是我国自主设计、自主配套、自主建造的，我国享有完全的知识产权。它的定位是大型作战平台，突出纯航母的功能，适合舰载航空兵的作战。它的长度为300多米，宽70多米，整个面积相当于3个标准的足球场。山东舰大约有3000多个舱室，并实行了社区化管理。如果一个人每天换住一间舱室，那他需要花上大约10年的时间才能将山东舰的所有舱室住上一遍。受到航母的淡水储量限制，

山东舰上的食品供给，一般都是免洗的。

山东舰巨大的工程系统

山东舰的建造是一个需拥有庞大系统的工程项目，总量超过了20艘超大型油轮工程量的总和。上万个零部件、上万台设备，遍布于整个船体。其中，许多特种装置还是首次研制和安装的。山东舰上的所有设备都是我国国产、自主配套的。在系统联调联试期间，每天同时上舰的工作人员就超过了5000人。

多部门协作的驾驶方式

汽车的驾驶一人即可完成。然而，航母这个庞然巨物在海上行驶，仅凭一人之力是无法完成的。驾驶室是航母航行的指挥与操纵区。山东舰在海上航行，是用操舵仪来把控航向的，这种方向盘有着四两拨千斤的作用，需要多个部门、多个战位协同配合才能顺利完成操作。

山东舰强大的作战能力

航母的作战力量主要是来自舰载机。而甲板上的舰载机的数量和出动效率就可以大体决定这艘航母战斗力的强弱。我国的山东舰可以搭载舰载机的数量多，而且这些舰载机可以快速滑行至前甲板起飞区域，仅用十几分钟的时间，就可以放飞一个中队，从而先发制人，夺得制空权及制海权。

航母除了强大的进攻实力，其防御能力也是不容小觑的。山东舰搭载的反导件套可以用于拦截反舰导弹，这是一种航母的末端防御手段，它用一分钟就可以发射数以万计的炮弹，用于打掉敌方的战斗机，被人们称为万发炮武器系统。山东舰上的武器永远都是保持着向上的仰角，时刻准备着战斗，致力于打造坚固的航母铠甲。此外，山东舰搭载了雷达，不仅提升了航母的进攻源警戒能力，还能为海上编队提供更加立体的情报支持。

舰艇上的七彩识别服

为了维持工作人员在甲板上的有序作业，保障工作人员和舰载机的安全，航母甲板上的工作人员需要按照任务分工来穿着不同颜色的加班防护识别服，从而区分不同的工作职责。山东舰上有红、黄、蓝、绿、紫、棕、白7种色彩的识别服。

红色识别服：标识着危险和安全管控的战位，如武器挂载人员。

黄色识别服：标识着指挥类的战位，他们负责引导飞机运行的方向。

蓝色识别服：标识着调运与供气保障的战位。

绿色识别服：标识着起降、设备操作、飞机维修的战位。

紫色识别服：标识着为燃油补给的战位。

棕色识别服：标识着机务的战位。

白色识别服：标识着安全、医务、政工战位及临时上舰的人员。

山东舰上的油料如何分类？

山东舰上的航母专用油料保障车通过特殊装备连接着油料管线，从而与航母进行对接，加注油料。这种油料的加注量比较大，且加注的时间比较长。在舰艇上，不同色彩代表着不同的油料品种。黄色代表柴油；黑色代表海军的燃料油，这是一种重油；蓝色代表航空煤油，也被称为高闪点喷气燃料，这是为航母上的飞机所输送的油料。

AG600水陆两栖飞机

AG600是我国自行设计、自主研制的大型灭火、水上救援的水陆两栖飞机,代号为"鲲龙"。它既可畅游于海洋,又可翱翔于天际,是既会游泳又会飞行的世界在研中最大的水陆两用飞机。它是我国首次研制的大型特种用途民用飞机,承载着国家和民族的伟大使命。

半船半飞机的独特造型

AG600水陆两栖飞机是我国大飞机"三剑客"之一。2017年12月24日,AG600首架机陆上首飞成功。它是我国新一代特种航空产品的代表,拥有执行应急救援、森林灭火、海洋巡察等多项特种任务的功能,填补了我国在大型水陆两栖飞机研制中的空白,为我国大飞机家族增添了一名强劲有力的"重量级选手",增强了我国的综合国力。

与陆地起降的飞机相比,AG600造型完全不同,为了具有水陆两用的功能,它采用了一半是船、一半是飞机的创新设计,是一个深V型的单断阶船体结构,装备了4台WJ6涡轮螺旋桨发动机,在两侧机翼的下面各悬挂着一个浮筒。它的机身尾部安装了水舵,还采用了前三点可收放式的起落架。

维护海洋权益的大国重器

AG600水陆两栖飞机像一艘会飞的大船,它的最大航程是4000多千米,最大的起飞重量达到50多吨,低空巡航速度每小时可达500千米以上,可以抵抗2米的海浪,适应3~4级海况,适应约80%的南海海域自然海况。它可以在陆地和水面上起降,采用的是三人机组,其中两个人驾驶,一人为机械师。它的机身下方设置了7个水密舱,如果相邻的两个水密舱出现了损坏,也不会影响它的稳定性。AG600能够用大约4小时的时间从海南三亚抵达曾母暗沙海域,大大提升了我国应对突发事件的能力。在未来,AG600还可以执行反潜、反舰、救援、维权等任务,是我国维护海洋权益的大国重器。

专业高效的救火机

AG600可以实现快速、高效地扑灭森林火灾,并能及时有效地进行海难救护。它一次的汲水量约为12吨,且所用时间不会超过20秒。它可以停泊于水面实施救援行动,一次可以同时救助50名遇险人员。由于与其他飞机相比,它的载荷相对较多,飞行速度相对较慢,飞行的高度相对较低,在扑灭高层建筑、森林火灾的时候,它反而可

了不起的中国

以扬长避短，利用水面起降、投水准确、汲水快速、多次往返等诸多优势，成为火灾真正的克星——专业高效的救火机。

独特强劲的驱动力

AG600的速度超过任何船只，它比最快的船只的航速快出很多倍。从海南三亚出发，绕过我国最南端的曾母暗沙，再回到三亚，它只需要7~8个小时。同样的距离，普通的船只则需要花费3~4天的时间。此外，AG600的飞行距离比较远，它可以持续飞行11个小时以上。这些优势都得益于它独特的气动外形和动力强劲的发动机。

AG600的机翼为少见的平直机翼，这使得它具备了大升力、小阻力、承载强的合理结构，利于它顺利地从水中跃起。它尾部的垂尾和高高耸立的水平尾翼，有效地保障了飞机纵向和横向的安全与平稳。

AG600的发动机是我国自主研制的WJ6涡轮螺旋桨发动机，最大功率高达3000多千瓦，这种发动机带着6个叶片。

为了满足AG600水陆两栖要求而设计的船底外形，对研制团队提出了巨大考验。除了要求不漏水，AG600水面起飞速度达到每小时180千米以上，对船体结构产生巨大压力。AG600——征服了这些难关。

为何说AG600是全国协作的成果？

AG600的成功是众多研制人员齐心协力、通力合作的成果。AG600有5万多个结构及系统零部件，接近120万个标准件。AG600 98%的零件都是国内生产的。研制这样一个庞大的水陆两栖飞机，采取了"主承制商—供应商"的大协作模式，共有20个省市150多家企事业单位、10多所高校，数以万计的科研人员参与了这项工作。

"蛟龙号"载人潜水器

蛟龙是我国古代神话中的神兽,传说居住于深水之中。"蛟龙号"潜水器是一艘由我国自主设计、自主研制的载人潜水器。我国的"蛟龙号"宛如深水中的蛟龙一般,最大的下潜深度达到了7000多米,创下了世界纪录,成了我国载人深潜发展史上的一座重要的里程碑,是中华民族进军深海世界所吹响的号角。

刷新世界纪录的"中国深度"

"蛟龙号"长8米多,宽3米,自重21吨,有效负载220千克(不包括3名乘员的重量),最大的速度约为每小时25海里。它的设计深度为7000米,但在实际下潜中,下潜深度已经超过了7000米,是世界上下潜能力最强的作业型载人潜水器,工作范围可以覆盖全球99.8%的海域。这对于我国开发利用深海的丰富资源具有十分重要的意义,标志着我国深海潜水器研究领域已经达到了海洋科学考察的前沿水平。

三大创新技术

"蛟龙号"载人潜水器拥有的三大创新技术分别是近底自动航行、悬停定位、高速水声通信。这些创新技术让"蛟龙号"拥有了以下领先功能:

1.超强的稳定性。"蛟龙号"就像一辆高性能的自动驾驶汽车,近底自动航行技术的应用使它具备自动航行的功能。在深海中,驾驶员只要设定好行驶方向,便可以放心地进行科研观测等工作。自动定高航行时,"蛟龙号"与海底保持一定的高度,虽然海底高低起伏、环境复杂,"蛟龙号"却可以轻松应对,顺利前行,还可以与海面保持固定的距离进行航行。

2.精准的悬停作业。"蛟龙号"不用像其他深潜器那样坐在海底作业，我国悬停定位技术的应用，使它可以行驶到相应的地方，与目标物体保持一定的距离，以便它的机械手进行操作。它还克服了海底洋流、机械手运动等因素带动潜水器晃动的难题，能够进行精确地悬停作业。

　　3.深海的高速水声通信。深海中的通信不能像陆地通信那样依靠电磁波。电磁波在海水中只能传播几米。下潜深海几千米的"蛟龙号"为了保持与母船的通信联系，采用了具有世界先进水平的高速水声通信技术——声呐通信，解决了深海中声音传播延迟、效率低下等种种难题。

多功能的深海作业

　　"蛟龙号"可以运载科研工作者们进入深海，在海底的海山、洋脊、盆地、热液喷口等地悬停、正确就位，有效进行海洋地球物理、海洋地球化学、海洋地质、海洋生物等科学考察。"蛟龙号"具备深海探矿、深海生物考察、海底高精度地形测量、可疑物探测与捕获等多项功能。它可以对多金属结核资源进行勘察；对多金属硫化物热液喷口进行温度测量，对周边的热液水样进行保真储存等；对区域地质进行精准的测量，定点获取结核样品、水样、沉积物样、生物物样等；进行水下设备定点布放，海底电缆、管道的检测，完成各种复杂的深海作业。

"蛟龙号"载人潜水器的操控系统

"蛟龙号"的操控系统包括主要控制系统、航行控制系统、综合显控系统、水面监控系统、数据分析平台和半物理仿真平台。

1.主要控制系统，即"蛟龙号"的神经系统，它的每条"神经末梢"都连着特定的系统，被称为"龙脑"。这是一颗睿智的"龙脑"，由我国自主研制，流着纯正的"中国血液"。"蛟龙号"在海底的每一个动作都必须得到

"龙脑"发出的指令。

2.航行控制系统，使蛟龙号自动航行，减轻潜航员的工作压力。

3.综合显控系统，相当于仪表盘，能分析母船传来的信息，与母船进行互动。

4.水面监控系统，能显示母船与"蛟龙号"的位置信息。

5.数据分析平台，对综合显控系统所得到的数据进行分析。

6.半物理仿真平台，主要用于验证"蛟龙号"控制系统设计的准确性。

"蛟龙号"的研制有何意义？

深海是世界海洋科学技术的热点领域，同时是人类解决资源短缺危机、拓展生存发展空间的战略必争之地，不管是开发海洋战略资源，还是探索深海奥秘，都离不开海洋事业科学技术的发展。"蛟龙号"能创下世界载人深潜记录，表明了它可以成为海洋科学考察的前沿和制高点之一，为人类海洋事业的发展做出了巨大贡献。

国产龙门吊

随着我国社会经济的快速发展，建筑工地日益增多，集装箱码头日益繁忙。在这些地方都不乏一位超级大力士的身影，它就是具有中国特色的搬运货物的大型门式起重机，俗称"龙门吊"。我国自主研发的龙门吊为世界经济的发展、社会的进步做出了巨大贡献。

门框造型下的高效作业

龙门吊是桥式起重机的一种变形，又称门式起重机，利用率高、通用性强，是装卸作业的一把好手。它的应用场所很多，比如露天的货场、室外的料场、海运或者河运的码头等。它的造型就像一个门框，主梁的两端有着外伸悬臂梁，就像两只灵活的手臂。主梁的下方还有两条可以在地面轨道上滑行的支脚，使其活动自如、灵活便捷。

龙门吊由门架、大车运行机构、起重小车和电气装置构成。它可以通过主梁两端的外伸悬臂梁的运转进行装配，将作业的范围扩大。此外，龙门吊可以根据现场的情况进行改造，有时会将一个支脚支撑在建筑物上，以节约空间。

不同用途的龙门吊

普通龙门吊：它的使用率最高，多采用箱型或者桁架型的结构，用途广泛，大小不等，起重量通常在100吨以下。普通龙门吊的吊钩有多种类型，如电磁式的、抓斗式的等。

造船龙门吊：它是用于船台拼装船体的龙门吊，力气比普通龙门吊大得多，可以吊起上千吨重的船体，体型也很大，是个十足的造船"大能手"。

水电站龙门吊：它是用来吊运或启动水电站的闸门，有时也可以进行水电站的安装作业。它的跨度不大，但可以吊起几百吨的重物，是个妥妥的小身躯大能量的角色。

集装箱龙门吊：毫无疑问，这种起重机用于集装箱码头。大型货轮上的集装箱在码头是依靠集装箱龙门吊堆码或者装车的。这种龙门吊的跨度和门架都比一般的龙门吊大，它的起重等级有20吨、25吨、30吨三种，是龙门吊中最会整理货品的"收纳师"。

龙门吊的细心"管家"

龙门吊作业的基本原理是轮滑原理，除此以外，它还有一个核心的PLC控制系统。这个系统就像是龙门吊的一个全能的"管家"，可以精准控制龙门吊作业的每一个动作。此外，它可以对龙门吊临时出现的问题进行预警。可以说，龙门吊的每一个细节动作都逃不过这位"管家"的法眼。

龙门吊三种不同的主梁结构

桁架梁：这种主梁成本低、重量轻、抗风性能好，但它也有刚度小、挠度大、可靠性相对较低的缺点，所以它一般适用于对安全要求较低、起重量不大的场地。

蜂窝梁：这种主梁刚度较大，挠度较小，可靠性也相对较高，但重量和成本通常比较高，应用于使用频繁或者起重量大的场地。

箱梁：这是一种钢板焊接成箱式的主梁，安全性能高，刚度较大，一般用于大吨位或者超大吨位的起重机。但它也有自己的缺点，比如成本高、抗风性能差等。

了不起的中国

龙门吊的级别类型

龙门吊一类的门式起重机，工作级别为A。这是由起重机在载荷状态、使用频率两方面的工作特性决定的，即起重机的载荷状态Q及利用等级U来决定的。它们通常被分为A1-A8八个级别。其中，A1-A4为轻级，A5-A6为中级，A7为重级，A8为特重级。

世界上最大的龙门吊起重量是多少？

目前，世界上最大的龙门吊是我国生产的"宏海号"。这个超级大力士是我国自主研发的，我国拥有完全的知识产权。"宏海号"采用的是桁架式结构，它的起重量约为2.2万吨，这就意味着它可以同时吊起400节高铁车厢。这样的龙门吊技术在世界范围内都是一骑绝尘的。